Les Petites Pommes du Savoir

Les Petites Pommes du Savoir

n°1. *Le Temps existe-t-il ?* Étienne Klein
n°2. *Cloner est-il immoral ?* Laurent Degos
n°3. *Pourquoi la mer est-elle bleue ?* Pierre Laszlo
n°4. *Peut-on guérir le cancer avec des OGM ?* Louis-Marie Houdebine
n°5. *Le Climat est-il devenu fou ?* Robert Sadourny
n°6. *Dopés, victimes ou coupables ?* Françoise Siri
n°7. *Peut-on croire les sondages ?* Gilles Dowek
n°8. *La Radioactivité est-elle réellement dangereuse ?* Jean-Marc Cavedon
n°9. *En amour, sommes-nous des bêtes ?* Michel Serres
n°10. *Algues, lapins, termites… Quelles espèces nous menacent ?* Michel Lamy
n°11. *Quel avenir pour le développement durable ?* Dominique Bourg
n°12. *Voulez-vous jouer avec les maths ?* Gilles Dowek
n°13. *Peut-on boire l'eau du robinet ?* Pierre Laszlo
n°14. *Peut-on voyager dans le temps ?* Gabriel Chardin
n°15. *Pourquoi le Soleil brille-t-il ?* Alain Bouquet
n°16. *Faut-il légaliser l'euthanasie ?* Michel Hautecouverture
n°17. *Faut-il allaiter son enfant ?* Louis-Marie Houdebine
n°18. *Pourquoi la nuit est-elle noire ?* Jean-Michel Alimi
n°19. *Le singe est-il le frère de l'homme ?* Pascal Picq
n°20. *Hommes, femmes, sexuellement compatibles ?* Lucien Chaby

… et voir page 64.

Pascal Tassy

Peut-on faire revivre le MAMMOUTH?

Les Petites Pommes du Savoir

Éditions
Le Pommier

Les ● dans la marge désignent des mots-clés, dont la définition est donnée dans la suite de la phrase.

conception graphique :
Atelier Daniel Leprince
relecture : Valérie Gautheron

Le Pommier, 2004

2.74650162.7
239, rue Saint-Jacques 75005 Paris
www.editions-lepommier.fr

Peut-on faire revivre le mammouth ? Curieuse question, n'est-ce pas, pour une espèce fossile dont les derniers représentants se sont éteints il y a des milliers d'années. Il n'empêche que les médias se sont largement fait l'écho, ces derniers temps, de la quête de cellules vivantes tirées de cadavres congelés de mammouths de Sibérie dans le but de réaliser un clonage. On peut toutefois s'amuser à répondre à cette question de trois façons différentes, au moins.

Le mammouth, c'est d'abord un nom, aux orthographes nombreuses : « mamont », « mammout », « mammut », « mammouth ». Afin de donner de la consistance à ce mot, de lui donner vie en quelque sorte, aventuriers, explorateurs, commerçants se sont attachés, dans un premier temps, à découvrir ce qui se cachait derrière ce vocable de « mamont des Russes », comme on disait parfois au XVIIIe siècle.

Aux scientifiques, paléontologues et zoologistes de décrire ensuite l'animal éteint, une fois que l'on eut compris que le mammouth était une espèce fossile. Le paléontologue sait faire revivre les fossiles, c'est son métier. Il interprète l'anatomie des organismes éteints et étudie leur environnement, le milieu où ils vivaient. Le mammouth laineux a ceci de particulier qu'il a été l'une des espèces disparues vues par l'homme fossile et dessinées sur les parois des cavernes. En outre, des cadavres trouvés à l'état congelé dans le sol de Sibérie et d'Alaska ont grandement facilité la tâche de reconstitution de l'animal. Il a donc été à la fois facile et exaltant de faire revivre le mammouth dans les monographies, puis dans les ouvrages de vulgarisation et enfin dans les romans et les films. En matière de mise en scène du mammouth, *La Guerre du feu*, le roman de J.-H. Rosny Aîné, qui date de 1911, et le film de Jean-Jacques Annaud, en 1981, sont un peu la référence, même si, pour les plus jeunes, le dessin animé *L'Âge de glace* a popularisé un mammouth nommé Manfred, particulièrement attachant.

Mais une vie de papier, de Celluloïd, ou même électronique, « virtuelle », ne suffit plus. Les progrès du clonage d'animaux domestiques et la découverte réitérée de mammouths à l'état congelé en Sibérie (pensons au désormais célèbre Jarkov, pisté par Bernard Buigues en 1998) ont fait naître le rêve de ressusciter le mammouth, au sens strict cette fois.

Existe-t-il une logique entre ces trois façons de faire revivre le mammouth ? La logique de la fascination sans doute, fascination pour la plus célèbre des espèces fossiles, le mammouth laineux, *Mammuthus primigenius.*

Du « mamont » au mammouth

L'étymologie du terme « mammouth », apparu dans la littérature occidentale à la fin du XVIIe siècle, est conjecturale. Le naturaliste allemand Peter Simon Pallas, qui a voyagé en Russie, en Sibérie et en Chine de 1771 à 1776, a proposé deux explications au mot « mammouth », d'abord orthographié « mamout » ou « mamont » (le *u* de l'alphabet cyrillique s'écrivant *n* dans l'alphabet latin). Le mot dériverait de *mama*, qui signifie terre en tartare ; ou bien il viendrait de *ma*, la terre, et de *mu*, la taupe en estonien. À l'appui de cette seconde hypothèse, la légende, entretenue par les peuples sibériens d'un animal géant vivant sous terre et émergeant parfois au bord des rivières avant d'être frappé à mort par l'éclat du soleil (mais l'expression « mamut » n'apparaît pas dans les dialectes sibériens). Une autre étymologie est d'origine théologique : le mammouth aurait quelque chose à voir avec le « behemoth » de la Bible, un animal géant.

Tout au long du XVIIIe siècle, ce mamont de Sibérie fascina ethnographes, voyageurs, naturalistes, jusqu'à ce qu'il soit compris comme une espèce fossile, comparée aux éléphants actuels par Georges Cuvier en 1799 et dénommée *Elephas primigenius* par le naturaliste allemand Johann Friedrich Blumenbach la même année.

Avant d'en arriver à cette issue zoologique, les gigantesques os, les grosses molaires, les grosses « cornes » (en réalité des dents, des incisives à croissance continue : les défenses) mis au jour en Sibérie faisaient l'objet d'un commerce fructueux entre populations sibériennes et chinoises tout en défiant la sagacité des savants. Les interprétations mythologiques tirèrent le mamont du côté des « géants », et même de la licorne !

Mais après ce compagnonnage mythologique, le mammouth, peu à peu, s'orienta du côté des éléphants. En 1720, le tsar Pierre le Grand envoya le naturaliste Daniel Gottlib Messerschmidt en Sibérie afin qu'il ramène toutes les curiosités que ces terres lointaines pouvaient receler, notamment le mammouth. Messerschmidt, lors de sa fructueuse mission, envoya des molaires et des dessins au naturaliste allemand Johann Philip Breynius (ou Breyne) qui publia en 1741 ce que l'on peut tenir pour le premier article scientifique, illustré des dessins de Messerschmidt (crâne, molaire, défense, fémur), où le mamont des Russes soit décrit comme un éléphant. Le mystère zoologique du mamont était en passe d'être résolu. Mais une autre mission joua un rôle dans son élucidation : le voyage en Sibérie de l'administrateur des mines de Russie, Vassili Nikititsch Tatischev, sur lequel Claudine Cohen insiste à juste titre dans *Le Destin du mammouth.* Ayant recueilli nombre d'informations de toutes sortes, Tatischev fait, en

1725, le point sur le mamont. Son mémoire évoque cette légende d'un animal géant vivant sous terre et signale que des cadavres ont été découverts, encore ensanglantés (probable allusion aux mammouths congelés dont on parlera plus loin). Tatischev envisage que leurs défenses pourraient être d'éléphants.

Mais alors, se demande-t-il, que font des éléphants dans ces terres septentrionales ? Sont-ils venus avec des marchands juifs ? Ont-ils été emportés par Alexandre le Grand ? introduits par les Chinois ? Ou bien transportés par les eaux du Déluge ?

Cette question trouva sa réponse avec le « mammouth d'Adams », du nom du botaniste Michaïl I. Adams qui, en 1806, fut le premier à ramener un mammouth découvert à l'état congelé dans une institution (le Kunstkamer, le cabinet de curiosités fondé par Pierre le Grand à Saint-Pétersbourg) où l'on put le contempler – et l'étudier – à loisir. Localisé en 1799 à l'embouchure de la Lena, en Sibérie, le cadavre était conservé depuis des milliers d'années dans le pergélisol (le **pergélisol** – ou permafrost – est la partie profonde du sol gelé en permanence et qui n'affleure qu'à l'occasion de mouvements de terrains, de la fonte de la couche superficielle ou d'autres facteurs). C'est un magnifique squelette, haut de 3,20 m, à la tête partiellement recouverte de peau, aux pieds et aux mains encore recouverts de poils, et dont il est facile de s'apercevoir qu'il est extrêmement proche de celui d'un éléphant. L'animal est toujours exposé à la Galerie de paléontologie de l'Institut zoologique de Saint-Pétersbourg. Depuis, une douzaine de mammouths congelés ont été mis au jour, plus ou moins complets.

On l'a dit plus haut, en 1799, Blumenbach et Cuvier publièrent deux importantes contributions. Le premier en fit une espèce d'éléphant, nommée, selon les canons de la nomenclature zoologique linnéenne, *Elephas primigenius.* En zoologie, le nom d'une espèce doit obligatoirement être composée de deux termes . Le premier, muni d'une majuscule, est le nom de genre, ici *Elephas.* Le second montra en quoi les ossements fossiles, indiscutablement éléphantins, différaient cependant dans les détails de ceux des espèces actuelles. Le nom de genre *Mammuthus*, enfin, ne fut que tardivement créé, par l'Anglais Joshua Brookes, dans un catalogue de mammifères fossiles, en 1828.

Mammuthus entre en scène

Les mammouths sont classés dans la famille des **éléphantidés**, elle-même située à l'intérieur d'un ordre de mammifères nommés proboscidiens (« les porteurs de trompe », du grec *proboscis*, trompe).

Les premiers éléphantidés datent de sept millions d'années environ. Mais, à cette époque, cela fait presque cinquante millions d'années que les proboscidiens existent. En effet, le plus ancien membre connu du groupe a été mis au jour dans des terrains datant de la base de l'Éocène, soit de cinquante-trois millions d'années environ. Appelé *Phosphatherium escuieilli*, ce très vieux fossile, de la taille d'un renard, est extrêmement différent d'un éléphant. Cependant, grâce à ces jalons que sont les fossiles recueillis tout au long des dizaines de millions d'années qui séparent *Phosphatherium* de *Mammuthus*, on est parvenu à reconstruire, partiellement, l'histoire des proboscidiens. On décompte près de cent-soixante espèces fossiles de proboscidiens. De nombreux groupes se sont individualisés, diversifiés et éteints, indépendamment de l'émergence des éléphantidés. Abandonnons-les puisque ce sont ces derniers, et plus spécialement les mammouths, qui nous intéressent ici.

Les premiers éléphantidés sont connus jusqu'à présent en Afrique et dans la péninsule Arabique, dans des couches géologiques situées entre sept et cinq millions d'années. Il s'agit de cinq espèces, dont deux appartiennent aux genres actuels de l'éléphant d'Afrique (*Loxodonta*) et de l'éléphant d'Asie (*Elephas*), les autres à des genres éteints. Et les mammouths ? On reconnaît actuellement au moins sept espèces appartenant au genre *Mammuthus*. Les plus anciennes, découvertes elles aussi en Afrique, ne sont connues qu'à partir de quatre ou cinq millions d'années, c'est-à-dire deux à trois millions d'années après les premiers *Loxodonta* et *Elephas.* Mais il s'agit vraisemblablement d'une lacune dans nos connaissances et non d'une émergence tardive des mammouths. Quoi qu'il en soit, *Loxodonta, Elephas* et *Mammuthus* sont tous trois nés en Afrique.

Ce qu'il importe de savoir, pour *Mammuthus,* est que, chez ses plus anciens représentants connus, le squelette et les mâchoires possèdent un cachet nettement éléphantin. Chez les éléphants, l'évolution des molaires s'est singularisée par l'accroissement de la taille globale (une molaire de 1 cm de long chez *Phosphatherium*… et de près de 30 cm chez *Mammuthus primigenius)*, par la forte hauteur de la couronne et par l'augmentation du nombre de crêtes transversales, qu'on appelle **lames** (deux chez *Phosphatherium,* jusqu'à vingt-huit chez *Mammuthus primigenius*). Mais, de *Loxodonta* ou d'*Elephas,* de qui *Mammuthus* est-il le plus proche ?

Du point de vue de leurs relations de parenté, nos mammouths posent un problème. Sur le plan morpho-anatomique, ils ressemblent davantage aux éléphants d'Asie qu'à ceux d'Afrique. Une part de cette ressemblance ne touche, en toute certitude, que les derniers mammouths, de telle sorte que l'argument n'est pas définitif : une évolution parallèle ne peut être exclue entre *Mammuthus* et *Elephas*. D'autant que, ces dernières années, les données moléculaires vont dans le sens inverse et associent mammouth et éléphant d'Afrique. En effet, plusieurs mammouths laineux découverts à l'état congelé ont livré un peu d'ADN. Au début, les résultats étaient contradictoires, mais les derniers travaux, notamment ceux menés par Régis Debruyne en 2003 sur le mammouth de Liakhov exposé au Muséum national d'histoire naturelle, à Paris, convergent vers une issue inattendue : le mammouth est proche parent de *Loxodonta*. Mais quelle que soit la relation de parenté des mammouths, il n'en reste pas moins vrai qu'on n'a pas encore mis au jour de mammouths aussi vieux que les plus vieux *Loxodonta* et *Elephas.*

La plus ancienne espèce de mammouth, *Mammuthus subplanifrons,* décrite en Afrique du Sud en 1928, vivait, nous l'avons vu, il y a quatre à cinq millions d'années. Elle reste mal connue, de même que *Mammuthus africanavus,* une espèce décrite plus tard à partir de restes fort incomplets, datant d'entre trois et quatre millions d'années et mis au jour en Afrique du Nord, en Afrique subsaharienne (Tchad) et en Afrique de l'Est.

Puis, il y a près de trois millions d'années, *Mammuthus* gagne l'Eurasie. En simplifiant sans trop déformer, on peut restreindre l'histoire de ces mammouths eurasiatiques à trois espèces, *Mammuthus meridionalis, Mammuthus trogontherii* et *Mammuthus primigenius,* qui se succèdent dans le temps en se chevauchant, c'est-à-dire qu'à certaines périodes, deux de ces espèces sont contemporaines, les deux premières citées vers un million d'années et les deux dernières peut-être dès

450 000 ans et certainement vers 190 000 ans. *Mammuthus meridionalis* est, enfin, à l'origine d'une évolution nord-américaine, à la suite d'une dispersion il y a 1 500 000 ans *via* la Beringia (un isthme qui apparaît en fonction des variations du niveau de la mer), qui donna naissance à une évolution sur place sans rapport avec l'origine du mammouth laineux. Passons rapidement sur *Mammuthus meridionalis* – le grand « mammouth méridional » – et *Mammuthus trogontherii* – le « mammouth des steppes » –, il est temps de nous focaliser sur l'espèce *Mammuthus primigenius,* au moment où l'évolution s'emballe (les **caractères dérivés**, c'est-à-dire les caractères évolués, transformés, éloignés de l'état initial, s'accumulent) et où, vers 450 000 ans environ, on commence à en décrire les premiers représentants.

Mammuthus primigenius est le dernier des mammouths. La date de son extinction nous le rend excessivement proche. Dans l'état actuel de nos connaissances, les ultimes mammouths se sont éteints il y a quatre mille ans, dans une île de l'océan Arctique, l'île de Wrangel, au nord-est de la Sibérie. Sur le continent, l'extinction remonte aux alentours de dix mille ans. Il ne faut pas s'étonner d'apprendre que les derniers mammouths laineux aient été insulaires. En réalité, comme le niveau des mers était au plus bas à cette époque, le continent s'étendait plus au nord et englobait les îles sibériennes. C'est d'ailleurs pour cette raison que l'on pouvait aller à pied sec de la Sibérie vers l'Alaska, ce que fit *Mammuthus primigenius* il y a cent mille ans, qui prolongea son périple jusqu'à la latitude du Dakota du Sud. Lorsque le réchauffement climatique libéra les eaux emprisonnées dans la calotte glaciaire, le niveau de la mer atteignit celui d'aujourd'hui.

Le mammouth laineux est l'un des fossiles les mieux connus, à tel point qu'on peut presque le concevoir comme une espèce zoologique, et non paléontologique. En effet, si son squelette, ses dents, défenses et molaires sont parvenus jusqu'à nous, le sol sibérien nous a gratifiés de fossiles hors concours : les cadavres congelés. De la sorte, poils, peau, muscles, viscères ont pu être mis au jour et étudiés. C'est une autre raison, la principale d'ailleurs, pour laquelle le mammouth laineux nous est si familier. Cette familiarité, au demeurant, est ancienne puisque l'*Homo sapiens* fossile de type moderne, qui s'est différencié il y a cent ou deux cent mille ans (peut-être plus), a connu le mammouth laineux. Il l'a même dessiné, gravé, sculpté, et fort artistiquement.

Une vie de mammouth

Les restes squelettiques de mammouths laineux, les spécimens trouvés à l'état congelé laissent peu de doutes sur l'anatomie du dernier des mammouths et nous permettent même de connaître assez bien la variation morphologique au sein de l'espèce, entre individus, notamment entre mâles et femelles. La connaissance du paléo-environnement nous permet quant à elle de restituer son mode de vie, sans doute mieux que celui de n'importe quelle autre espèce fossile.

Un mammouth en chair et en os

Le dernier des mammouths n'est pas seulement le plus connu, c'est aussi le plus évolué. En tant que « fin de lignée », le mammouth laineux cumule en effet toutes les transformations morphologiques qui sont apparues depuis cinq millions d'années. De ce point de vue, il représente l'espèce qui est allée le plus loin dans les innovations, non seulement parmi les mammouths, mais parmi tous les éléphantidés. Mais précisons sans tarder que « le plus évolué » ne signifie pas « le plus grand ». L'évolution biologique des mammifères ne va pas toujours dans le sens d'un accroissement de la taille. Aucun mammouth laineux connu n'atteint la taille de son lointain prédécesseur, le mammouth méridional (plus de 4 m au garrot). Si un grand spécimen, haut au garrot de 3,65 m, a été trouvé en Allemagne, la plupart étaient petits, 3 m au garrot en moyenne. Les derniers mammouths, ceux ayant vécu dans l'île refuge de Wrangel, ne dépassaient pas 2 m au garrot. Ce sont donc de fort petits mammouths, même si le nom de « mammouths nains » qui leur a parfois été attribué est exagéré.

Quelle que soit leur taille absolue, tous les mammouths laineux partagent un certain nombre de caractéristiques morphologiques propres. Par rapport aux éléphants actuels, leur tête était grosse, la face surtout, en liaison avec le fort développement des prémaxillaires portant les défenses. Les défenses de *Mammuthus primigenius* sont en effet puissantes, grandes et longues, portant la double torsion hélicoïdale à son extrême : orientées vers le bas, puis recourbées vers le haut et vers l'extérieur avant de se recourber vers l'intérieur. Les os du crâne qui les enveloppent sont puissants, longs, dirigés vers le bas, presque verticaux, ce qui accentue l'impression d'étroitesse du crâne. Comprimé d'avant en arrière, ce dernier est en effet haut, pointu en son sommet. Il est doté de hautes mâchoires, adaptées à la grande taille des molaires. Le nombre de lames des molaires est très élevé (jusqu'à vingt-huit, nous l'avons vu, sur les dernières molaires) et, corrélativement, ces lames sont plus minces que chez *Mammuthus meridionalis* et *Mammuthus trogontherii.*

Le mammouth, comme les éléphants actuels, était muni d'une trompe, organe emblématique s'il en est. Cet organe sert non seulement à la respiration mais aussi à la récupération de la nourriture ainsi qu'à la communication sociale. Capable de s'enrouler dans toutes les directions, extrêmement sensible, la trompe est due à l'union puis à l'allongement des muscles de la base du nez et de la lèvre supérieure et à leur subdivision en nombreux faisceaux. Grâce aux découvertes de mammouths à l'état congelé, on sait que la trompe des mammouths avait la même structure. On a l'habitude de dire que la trompe de l'éléphant se termine par des « doigts » qui servent à la préhension et à la manipulation de la nourriture. Celle de l'éléphant d'Asie est munie d'un doigt supérieur uniquement, celle de l'éléphant d'Afrique de deux doigts. Chez le mammouth, le bord supérieur avait la forme d'un large doigt tandis que le bord inférieur ressemblait à une spatule.

Quelques traits des tissus mous (peau, muscles, etc.) relevés chez tous les cadavres trouvés à l'état congelé sont d'indubitables adaptations au froid. Si l'épaisseur de la peau (2 cm) est comparable à celle des éléphants actuels (elle est à l'origine du terme « pachyderme » – peau épaisse), c'est la couche de graisse sous-jacente, de 8 à 10 cm, répartie sur tout le corps qui fournit au mammouth une couche isolante qui ne s'explique pas en dehors d'une adaptation au milieu arctique. Les proportions de certains organes, réduits par rapport à ceux des éléphants actuels, sont également interprétées comme liées au climat rigoureux. Ainsi de la petite taille des oreilles et de la queue. La queue du mammouth de la Berezovka n'atteint que 35 cm de long pour un animal faisant 2,90 m au garrot ; le plus grand diamètre de l'oreille du mammouth d'Adams mesure 38 cm (et 17 cm de large). Dans cette lutte contre le froid, un clapet anal, parfois appelé valvule anale, était développé sous la queue. Mais cette fois, ce repli de peau, réduit chez les éléphants actuels, était agrandi chez les mammouths et recouvrait entièrement l'anus. Parfaitement préservé sur l'animal de la Berezovka – il mesure 18 cm de large –, sa découverte a confirmé l'extrême acuité de l'observation des mammifères par les Cro-Magnons qui l'ont figuré sur le mammouth des Combarelles.

Toutefois, la meilleure protection contre le froid était fournie par la toison. Bien repérée sur les cadavres congelés, elle est formée par deux types de poils : la **bourre**, un sous-poil ne dépassant pas 5 cm de long, relativement fin mais très dense, qui offrait une protection thermique extrêmement efficace ; recouvrant le sous-poil, sur tout le corps, des longs poils d'un diamètre moyen de 0,6 mm, dont les plus longs et épais, appelés **jarres**, pouvaient mesurer jusqu'à 90 cm (pour 45 cm en moyenne). La longueur des poils variait selon les parties du corps, de 15 cm sur les mains et les pieds à 45 cm sur le dos. Les plus longs poils pendaient sous le menton, sous le cou et le long des flancs, où ils formaient une frange qui fut dessinée par l'homme fossile. La trompe était également entièrement recouverte de poils, plus longs sur les bords latéraux et touffus jusqu'à l'extrémité. Quant à la queue, très courte, la toison épaisse qui la recouvrait devenait à l'extrémité une touffe dont les poils mesuraient jusqu'à 35 cm, ce qui doublait sa longueur apparente.

La couleur de la toison est sujette à controverse. Les poils sont décrits selon les auteurs comme roux – le plus souvent –, noirs ou jaunâtres. La plupart des spécialistes pensent que la couleur d'origine s'est transformée pendant la congélation et que le poil devait être brun foncé. Voyons comment E. W. Pfizenmayer, qui exhuma deux mammouths congelés (celui dit de la Berezovka, découvert en 1900, et celui mis au jour en 1907 dans la rivière Sanga-Yourakh), en parle dans *Les Mammouths de Sibérie*, publié en 1939 : « [Le] pachyderme était recouvert d'une longue et épaisse toison, composée de jarres et de bourre laineuse… Les jarres étaient plus longs au poitrail et au cou, de même sur le dos et les flancs… La couleur des jarres devait être à l'origine d'un brun rouille sombre, avec des teintes plus foncées ou plus claires selon les parties du corps. Ce qui reste de la toison est en bonne partie plus clair, de teinte mate, pâlie en rouge fauve et gris terne. Les soies de la queue sont ovales en coupe, épaissies jusqu'à un demi millimètre et d'un brun-noir foncé. »

Vivre dans la steppe

Malgré ces spécialisations, le mammouth reste un éléphant parmi les éléphants. Nous pouvons donc extrapoler son mode de vie à partir de celui, bien connu, des éléphants vivants, d'Afrique et d'Asie, sans risquer trop d'erreurs.

Une particularité des éléphants, parmi les mammifères, c'est de grandir durant toute leur vie. L'espérance de vie d'un éléphant est d'une soixantaine d'années et l'on pense que cela s'appliquait vraisemblablement au mammouth laineux (certains auteurs ont toutefois avancé un âge de quatre-vingts ans). Vers trente ou quarante ans, la croissance se ralentit mais n'est jamais nulle.

En parallèle à cette croissance, le mode de succession des molaires est assez particulier et les restes fossiles connus démontrent qu'il est identique chez le mammouth laineux et chez l'éléphant. Le mammouth possédait par demi-mâchoire : en haut une défense de lait remplacée par une défense définitive, trois molaires de lait (non remplacées par des prémolaires) et trois molaires définitives ; en bas seulement trois molaires de lait (non remplacées) et trois molaires définitives. Comme chez les éléphants actuels, les molaires se succédaient tout au long de la vie de l'animal, les plus antérieures étant expulsées, les postérieures prenant ainsi leur place, de l'arrière vers l'avant. Chez le mammouth laineux, la séquence d'éruption des molaires était la suivante : une molaire de lait est en place à la naissance, vers six mois la deuxième a fait éruption, juste en arrière. À deux ans et demi, le jeune mammouth perd sa première molaire de lait. À partir de ce stade, les différentes molaires se mettent en place l'une après l'autre. À trente ans, les troisièmes et dernières molaires définitives font leur apparition à l'arrière de la mâchoire, les deuxièmes sont usées sur toute leur longueur et les premières ont été expulsées depuis longtemps. À partir d'une quarantaine d'années, seules les dernières molaires restent en place.

Le poids d'un mammouth adulte était de quatre à six tonnes environ. Pour nourrir une telle masse, quelques rares lichens conservés sous la neige de la vaste toundra n'auraient pas suffi ! En fait, les images représentant les mammouths au milieu de grandes étendues neigeuses sont trompeuses. Le milieu dans lequel vivaient les mammouths laineux n'était pas la toundra, mais une steppe herbeuse très diversifiée, sans équivalent aujourd'hui. Les grandes étendues herbeuses de cette steppe arctique, très productives, pouvaient nourrir une grande quantité d'animaux paisseurs, dont les mammouths. Il y a moins de dix mille ans, ce milieu a été remplacé en partie par la toundra et en partie par la taïga. Ceux des mammifères qui étaient étroitement inféodés à la steppe arctique (mammouths et rhinocéros laineux) disparurent en même temps que leur environnement.

Mise en place il y a cinq cent mille ans, la **steppe à mammouths** s'étendait d'Europe jusqu'en Amérique du Nord. La sécheresse du climat, liée au bas niveau de la mer (avant le dernier réchauffement planétaire), explique son développement sous ces hautes latitudes (la côte nord de la Sibérie s'étendait alors plus vers le cercle polaire). En été, la température ne devait pas dépasser 10 °C, mais la belle saison, permettant le développement des plantes herbacées, était plus longue. Et en hiver, saison qui devait être très rigoureuse, les mammouths descendaient vraisemblablement plus au sud, vers la zone méridionale de la steppe. En outre, la couverture neigeuse était plus fine qu'aujourd'hui.

La composition de la steppe à mammouths est connue grâce à la découverte de macrorestes de plantes mais surtout de pollens. Mieux encore, ce que mangeait le mammouth laineux nous a été directement livré par le contenu stomacal et intestinal des carcasses congelées, aussi bien chez les adultes que chez les bébés. Nous pouvons donc discourir sans difficulté sur ses goûts. Il est vraisemblable que les mammouths devaient ingurgiter journellement quelque 200 kg de végétaux. C'est l'herbe au sens strict qui formait la base de son régime alimentaire : 90 % des végétaux consommés par le mammouth laineux correspondaient à de nombreuses espèces de graminées (fléoles notamment) ainsi qu'à des laîches (ou carex) qui poussent en touffes au bord des cours d'eau. S'y ajoutaient, en plus faible quantité, armoise, marguerites, pissenlits, sauge, serpolet, renoncules, pavots, des restes de saule nain, de bouleau nain, de très rares aiguilles de mélèze.

Il y a tout lieu de croire que les troupeaux de mammouths laineux qui paissaient dans les grandes étendues herbeuses de la steppe à mammouths étaient structurés comme les troupeaux d'éléphants qui vivent aujourd'hui dans la savane africaine. Ce devaient être des groupes de dix à quarante têtes, dirigés par une femelle âgée, la matriarche, et formés de femelles adultes et de jeunes. Si l'analogie avec l'éléphant d'Afrique est fondée, on peut affirmer que les mâles quittaient le troupeau à l'âge de quatorze ans. La période de reproduction devait avoir lieu en été, de telle sorte que, près de deux ans plus tard (la gestation étant de vingt-deux mois), les petits naissaient à la fin du printemps et au début de l'été, au moment où la nature commençait à offrir les meilleures ressources en plantes herbacées.

Et l'homme dans tout cela ? Lorsque s'est individualisé *Mammuthus primigenius*, deux types humains vivaient sur terre, l'homme de Neandertal et l'homme de type moderne. Les Cro-Magnons ont dessiné les mammouths, vécu à leur contact, y compris en Sibérie (et en Amérique du Nord où les paléo-Indiens ont, pour ainsi dire, suivi la trace des mammouths par la Beringia). Les ont-ils chassés ? Ont-ils été de simples charognards ? Les débats vont bon train. Mais, indépendamment de ce point, il est avéré que l'homme a utilisé l'os de mammouth. Une civilisation du mammouth se développa en Russie et en Ukraine entre 25 000 et 15 000 ans. Même dans l'hypothèse de chasses fréquentes, il est peu probable que cette utilisation du mammouth ait pu être à l'origine de l'extinction de l'espèce. Avec les moyens dont disposait l'homme à l'époque, le prélèvement humain, sous forme de chasse, sur les troupeaux de mammouths n'a pu se faire à une telle échelle, au point d'influer sur la démographie des mammouths. En Afrique, les Pygmées ont toujours chassé l'éléphant, cela n'a jamais eu un impact comparable à la chasse moderne des XIXe et XXe siècles, qui l'a décimé. Il est plus vraisemblable d'imaginer que mammouths et autres grands mammifères de la steppe vivaient en harmonie avec l'homme tant que la steppe était là pour nourrir les herbivores en grande quantité et, par voie de conséquence, leurs prédateurs, loups, renards, gloutons ainsi que lions des cavernes et hyènes. À mon sens, l'évolution du climat et du milieu joua un rôle infiniment plus important que l'activité humaine dans l'extinction des grands mammifères inféodés à la steppe herbeuse. Ce n'est pas par mauvaise conscience que l'homme rêve aujourd'hui de ressusciter le mammouth.

Cloner le mammouth : rêve ou réalité ?

L'année 2003 est celle d'un double anniversaire : le cinquantenaire de la découverte de la structure de l'ADN et celui du premier roman mettant en scène Bob Morane, le héros préféré des adolescents férus d'intrigues et de dépaysements en tous genres. Pourquoi un tel rapprochement ?

En 1958, le vingt-sixième volume des aventures de Bob Morane projetait l'intrépide globe-trotter au cœur de la Sibérie. Cela faisait cinq ans, déjà, que Henri Vernes envoyait aux quatre coins de la planète son personnage, accompagné de son fidèle compagnon Bill Ballantine avec, le plus souvent, la mission de sauver le monde. Le livre s'intitulait *Les Géants de la taïga* et ces géants-là étaient tout simplement, si l'on peut dire, des mammouths. Quelques années plus tard, le règne de l'image aidant, Henri Vernes adapta ses romans pour la bande dessinée. Coria dessina ces géants de la taïga et l'album, rebaptisé *Le Réveil du Mamantu*, sortit en 1986.

Évoquer Bob Morane à propos du clonage du mammouth a plus de sens qu'on ne pourrait le supposer. Car les mammouths rencontrés n'étaient pas des fossiles, ni même des carcasses congelées, mais des animaux qui vivaient en plein XXe siècle. Population ayant traversé le temps ? Pas du tout : c'est Henri Vernes qui, le premier, clona le mammouth. Plus précisément, il fit revivre le mammouth grâce à une manipulation génétique dont la nature n'était guère explicitée au demeurant. En effet, cinq ans après la découverte de la structure en double hélice de l'acide désoxyribonucléique, la molécule d'ADN n'était pas encore devenue cet objet aussi quotidien que mythique – « surréel », aurait écrit le philosophe des sciences Georges Canguilhem. De clonage à proprement parler, il n'est point question dans l'aventure sibérienne de Morane mais, assurément, de résurrection du mammouth. Or c'est bien là le point qui nous intéresse. Ne chipotons donc pas sur la documentation scientifique mise à la disposition d'Henri Vernes il y a 45 ans.

L'idée de faire revivre des animaux disparus, des fossiles, en bricolant leur matériel génétique, n'a donc pas attendu Michael Crichton et son *Jurassic Park* adapté au cinéma, et avec quel succès !, par Steven Spielberg. Il est douteux que Crichton ait jamais lu *Les Géants de la taïga*, ni que Steven Spielberg ait jamais ouvert *Le Réveil du Mamantu*. Encore que les enclos où vivent les mammouths que Bob Morane découvre avec stupéfaction ressemblent bigrement à ceux où sont péniblement retenus les si peu coopératifs « raptors » du parc jurassique (appelés, plus scientifiquement, droméosaures). Et l'on sait que Spielberg est un amateur de bandes dessinées belges de la grande époque (il a manifestement cité des éléments des aventures de Blake et Mortimer dans le premier épisode des aventures d'*Indiana Jones*). Laissons pourtant la question en suspens et revenons à nos mammouths.

C'est à une brebis, la célèbre Dolly, née (devrait-on écrire : créée ?) en 1996, que revient la gloire d'avoir durablement fixé dans nos esprits l'idée que l'on pouvait donner naissance, de façon artificielle, à n'importe quel être vivant mais aussi, pourquoi pas, à un fossile. Il y a cependant loin de la théorie à la pratique – même si, dans le cas du mammouth, la théorie est née de la pratique.

La technique du clonage est une opération aussi simple à décrire qu'à effectuer, au moins sur le papier. Les cellules de tout être vivant sont composée d'un noyau entouré d'un cytoplasme, le tout emballé dans une membrane. Dans le noyau se trouve le patrimoine héréditaire : l'**ADN**. Lorsqu'on parle du **génome** de telle ou telle espèce, on fait référence à l'ensemble de ses **gènes**, qui sont autant de portions de cet ADN. Chaque gène, comme tout l'ADN, est constitué d'une succession de nucléotides. Le génome contient au total plus de deux milliards de nucléotides. On précise parfois qu'il s'agit de l'ADN nucléaire, car des corpuscules cellulaires inclus dans le cytoplasme, les mitochondries, possèdent également de l'ADN, l'ADN mitochondrial. Le génome mitochondrial, minuscule (16 500 nucléotides chez les éléphants), est transmis exclusivement par la mère. Il ne sera ici question que d'ADN nucléaire.

Lors de la reproduction, le spermatozoïde, avec le patrimoine génétique du père, féconde l'ovule – le gamète femelle fabriqué par l'ovaire – porté par la mère. L'embryon issu de cette union est muni du patrimoine génétique des deux parents. Jusqu'à présent, donc, rien que de très banal.

Ce que le clonage vise à remplacer est cette phase naturelle de reproduction. Le principe est le suivant. Il s'agit de prélever une cellule sexuelle femelle en cours de maturation et de l'énucléer, c'est-à-dire de lui retirer son noyau, qui est alors remplacé par un autre noyau extrait d'une cellule prélevée chez un autre individu. Les différentes cellules d'un organisme portant le même patrimoine génétique, ce peut tout à fait être une cellule de tissu musculaire. Une fois l'opération de transfert effectuée, la cellule sexuelle femelle porte un noyau dont le patrimoine génétique lui est totalement étranger. Au cours du développement, l'embryon né d'un tel ovule portera donc le génome du noyau introduit. C'est ainsi qu'ont été créés les clones de moutons, bœufs et porcs, tous faisant partie de l'ordre des **artiodactyles** (mammifères ongulés à nombre pair de doigts), ainsi que ceux de chats (ordre des carnivores), lapins (ordre des lagomorphes) et souris (ordre des rongeurs).

En 2003, après bien des échecs, on a réussi à cloner des **périssodactyles** (ordre rassemblant les chevaux, les tapirs et les rhinocéros). Au printemps, c'est le clone d'un mulet (croisement d'un âne, *Equus asinus*, et d'une jument, *Equus caballus*) qui est né, baptisé

Idaho Gem. Cette grande première, issue d'un laboratoire de l'université de l'Idaho, fut publiée dans la revue américaine *Science*. L'été suivant vit la naissance, en Italie, de Prometea, un clone de cheval, de pouliche pour être précis, un travail publié par la revue britannique *Nature*. Prometea a une particularité qui en fait un sujet tout à fait digne d'attention. Dans le cas d'Idaho Gem, le noyau cloné était issu d'un fœtus de mulet âgé de quarante-cinq jours, c'est-à-dire d'un autre individu que la mère porteuse, selon la procédure standard, et cela pour laisser se faire les réactions immunologiques habituelles. Dans le cas de Prometea, c'est une cellule tirée de la mère porteuse et non d'un autre sujet qui a été clonée, sans dommage.

Laissons aux chercheurs le soin d'en tirer les conséquences sur les mécanismes immunologiques associés au développement de l'embryon et revenons au mammouth. Le fait d'avoir réussi à cloner un cheval permet-il d'aborder de façon tangible le clonage du mammouth ? Le mammouth, on l'a vu, n'est ni un artiodactyle ni un périssodactyle. Il est classé dans l'ordre des proboscidiens, mais a peut-être une parenté plus étroite avec les périssodactyles. Pour certains, en effet, les proboscidiens auraient un ancêtre commun exclusif avec d'autres ordres de mammifères : les siréniens (vaches marines : lamantins et dugongs), les hyracoïdes (damans) et les périssodactyles, formant un supergroupe nommé, selon les auteurs, pantomesaxonia ou altungulata. La réussite d'un clonage de périssodactyle augmente-t-elle les espoirs de clonage du mammouth ? Pas vraiment. Il est vrai qu'on n'a jamais, à ma connaissance, cherché à cloner un éléphant mais, là encore, ce point n'est pas déterminant. Jusqu'à présent, il n'a été question que d'êtres vivants. Or le mammouth est éteint. Pourquoi, dans ces conditions, aborder la question du clonage du mammouth ? On s'en doute et nous l'avons d'ailleurs vu : le mammouth n'est pas un fossile comme les autres.

Les carcasses de mammouths congelées ont tout pour nous faire fantasmer. Non seulement os, tissus mous, muscles, peau et poils sont parfaitement conservés, mais les os sont gras, comme sortis de chez l'équarrisseur et, indubitablement, ils fournissent de l'ADN. Les découvreurs nous l'ont dit et redit, l'odeur du mammouth congelé ressemble, au cours du dégagement, à celle d'un animal en voie de putréfaction, à celle d'un cadavre presque frais. Que n'a-t-on répété que les chiens des expéditions avaient croqué de la viande, de quoi s'imaginer que ces mammouths, morts depuis des dizaines de milliers d'années, n'étaient pas tout à fait morts ! (En fait, ce sont les renards et les loups que l'on a rendus coupables des parties manquantes des mammouths congelés.)

Mais qui dit ADN ne dit pas forcément cellule vivante. Certes, le meilleur ADN fossile est indubitablement l'ADN de mammouth. On connaît actuellement des portions d'ADN, appartenant à différents gènes, d'une dizaine de mammouths. Par exemple, Régis Debruyne, au Muséum, a réussi à séquencer de l'ADN tiré du sésamoïde (petit os de la main) d'un squelette exposé à la Galerie de paléontologie du Muséum national d'histoire naturelle à Paris : le mammouth de Lyakhov, dont il a déjà été question. Cet animal a vécu il y a au moins quarante-neuf mille ans. Découvert il y a un siècle par K. A. Vollosovitch, il a simplement été mis au sel lors de sa découverte, puis conservé dans les caves du Muséum pendant des décennies et enfin remonté il y a quarante-cinq ans pour être montré au public : il n'a jamais fait l'objet d'un traitement de faveur en vue de protéger son ADN. Et pourtant, l'ADN est toujours préservé dans ses os. *De* l'ADN, devrais-je écrire, car il ne s'agit pas de *tout* l'ADN, de la totalité du génome. Ce sont des bribes qui sont séquencés (six cents nucléotides de mammouths seulement, à ce jour, ce qui est déjà un exploit).

On voit donc surgir un premier problème. Ce qui doit être cloné est le noyau complet, vivant. Or aucune cellule vivante de mammouth n'a jamais été trouvée à l'état congelé. Même Dima, un magnifique bébé exhumé à Magadan en 1977 dans un parfait état de conservation, n'a pu en livrer une : toutes les tentatives de culture de cellules à partir des meilleurs tissus ont échoué. Conserver des cellules congelées à - 80 °C dans un laboratoire est possible et cela se pratique quotidiennement. Dans le pergélisol, c'est autre chose ! Le plus souvent, lorsqu'un mammouth congelé est localisé, la fonte, même superficielle, du niveau supérieur du sol a entraîné l'effondrement du terrain ou a partiellement dégagé le cadavre. À la saison « chaude », de tels phénomènes se produisent régulièrement et les mammouths congelés peuvent ainsi affleurer pendant des années. Ce ne sont pas des conditions cliniques de préservation des tissus ! C'est pourquoi, lorsque Bernard Buigues est parti à la recherche de Jarkov, un mammouth congelé dont la tête et les défenses, dégagées du sol, avaient attiré l'attention d'un Dolgan (habitant du Taymir), il a cherché à maintenir la « chaîne du froid » afin de prévenir toute putréfaction rapide. Le bloc de terre qui contient le mammouth est actuellement conservé à - 10 °C dans une cave de Khatanga. Mais, même en tenant compte de ces précautions, nous sommes loin des conditions requises pour conserver le noyau d'une quelconque cellule en parfait état de marche. Autrement dit, les chances de trouver une cellule vivante sur un mammouth congelé sont nulles. Disons quasi nulles pour ne pas être taxé de défaitisme péremptoire.

Ce n'est pas tout. Quand bien même aurait-on réussi à dénicher par miracle une cellule vivante, ce serait un exploit sans précédent que de réussir un clonage. En effet, il ne suffirait pas d'extraire le noyau de cette cellule, d'énucléer un ovocyte d'éléphant femelle (d'Afrique ou d'Asie) et d'y introduire le noyau tiré de la cellule de mammouth (donc porteur du génome de *Mammuthus primige-*

nius). Encore faudrait-il réussir l'opération et que l'embryon se développe normalement avant qu'il soit transplanté sur la mère porteuse. Or, dans le cas de mammifères vivants – tous des animaux domestiques –, des centaines d'essais sont nécessaires avant que l'un d'eux réussisse. Prenons l'exemple des équidés clonés en 2003 : plus de trois cents implantations chez des juments dans le cas de Idaho Gem et plus de huit cents dans le cas de Prometea. La pouliche Prometea est une rescapée : seule une vingtaine d'embryons se développèrent normalement à partir des huit cents, puis seulement neuf transplantations chez neuf juments porteuses réussirent. Pour finir, une seule jument connut une gestation normale. Et il se trouve, comme on l'a dit plus haut, que c'est la mère porteuse de son propre clone… Ce sont donc des centaines de cellules de mammouths munies d'un noyau en parfait état de marche qui seraient nécessaires pour envisager la réussite d'un clonage. Une telle industrialisation est hors de portée !

Autant dire que, si l'on tient à rêver, mieux vaut revoir ses rêves à la baisse. Séquencer chez un mammouth, ne serait-ce que le génome mitochondrial entier – le petit génome –, comparer gène par gène, nucléotide par nucléotide, ce génome à celui des éléphants d'aujourd'hui est déjà un rêve, mieux, une utopie. Le clonage, quant à lui, est au-delà de l'utopie !

De la sorte, les problèmes moraux liés au destin de ces éventuels mammouths clonés ressortissent au domaine de la pure théorie. Car curieusement, avant même que l'on pose de façon claire la question : « Peut-on cloner le mammouth ? », on en est venu à débattre d'un autre sujet : « Faut-il cloner le mammouth ? » Et de s'inquiéter de l'environnement des mammouths clonés, qui n'aurait rien à voir avec le milieu naturel de la steppe à mammouths qui, comme nous l'avons vu, a disparu avec eux. Rassurons-nous, le jour n'est pas proche où l'on se préoccupera de l'enclos et du fourrage des mammouths clonés.

L'ambiguïté avec laquelle la presse a rendu compte de ces rêves fous de clonage de mammouths, la façon dont certains en ont initié l'idée ou ont simplement laissé dire est un signe des temps. Le sensationnalisme nous guette, au point qu'il n'est plus possible d'éviter la surenchère. Or, laisser croire au grand public qu'il est sérieusement envisageable de cloner un mammouth, c'est aussi s'assurer d'engendrer une déconvenue générale lorsque, les années passant, on ne verra toujours rien venir. Pire encore, si un jour un molécularisate fortuné réussit, à partir d'un mammouth congelé particulièrement bien conservé, à séquencer la totalité du génome mitochondrial, il risque de se voir rétorquer : « Un déchiffrement du génome mitochondrial entier ? Et alors ? C'est un clonage que l'on veut ! » Cruelle réaction qui associerait définitivement science et grand spectacle, *entertainment*, dirait-on outre-Atlantique.

S'il faut brutalement répondre en 2004 par oui ou par non à la question : « Peut-on faire revivre le mammouth ? », je réponds donc non.

En attendant les cultures de cellules de mammouths par centaines, par milliers, le seul moyen que nous ayons de faire revivre le mammouth, c'est d'étudier de notre mieux ce que ses fossiles nous apportent. Cet éléphant pas comme les autres n'a pas encore livré tous ses secrets ! On ne sait pas encore tout de son évolution paléontologique, de sa physiologie, de ses maladies, ni, évidemment, de son génome. Cette conclusion donne le beau rôle au paléontologue et au phylogénéticien (lequel étudie les relations de parenté entre les êtres vivants, que ce soit à partir de la morphologie des fossiles ou du génome des actuels). Elle peut donc être soupçonnée de corporatisme. Tant pis, c'est la seule que je juge raisonnable aujourd'hui.

Épilogue

Cela fait plus de deux siècle que les paléontologues font revivre le mammouth, à leur manière. C'est une vie de papier, d'images, aujourd'hui de synthèse, qu'ils proposent. Aussi, bien sûr, de reconstitutions 3-D, avec les squelettes exposés dans les musées d'histoire naturelle de par le monde, sans oublier les restes de peau et de poil, les têtes et les pattes entières des mammouths congelés. C'est déjà beaucoup. Rêvons, si on le souhaite, à des mammouths clonés mais en ayant bien conscience que nous rêvons. Henri Vernes restera longtemps le seul homme à avoir cloné le mammouth.

Cependant il est des quasi-fossiles dont, aujourd'hui, nous pouvons encore aider la *survie.* Il s'agit des éléphants d'Asie et d'Afrique. Il n'existe plus qu'entre vingt à trente mille éléphants sauvages en Asie d'aujourd'hui. En Afrique, on est passé, en trente ans, d'un million d'individus à quatre cent mille seulement. À ce rythme, il n'existera plus un éléphant sauvage en Afrique en 2030. L'autorisation de commerce de l'ivoire accordée à quelques pays d'Afrique réputés posséder un cheptel suffisant pour justifier la chasse a entraîné un nouvel essor du braconnage partout ailleurs. Pourtant, je reste persuadé que l'éléphant ne disparaîtra pas totalement. Quelques individus seront protégés dans des parcs naturels, des super-zoos, où ils seront confinés. En Afrique comme en Asie. Ils ne connaîtront plus ces immenses migrations, ces rassemblements gigantesques de troupeaux, à la saison des pluies, qui ont caractérisé durant des centaines de milliers d'années leur mode de vie, et cela jusqu'à il y a encore un siècle. Cette nouvelle vie, préservée mais artificielle, ne sera pas sans évoquer celle que connaîtraient des mammouths clonés dans un milieu spécialement aménagé pour eux (des steppes reconstituées en Sibérie). Ainsi les derniers éléphants pourront-ils rester à notre disposition, nous autres humains, spectateurs d'animaux dont la triste destinée nous devra tout.

Pourtant, observer un troupeau d'éléphants dans son milieu naturel, suivre un vieux mâle solitaire au cœur de la savane africaine offre des sensations qu'aucun film, qu'aucun enclos de parc zoologique ne permettra jamais d'imaginer. Les mammouths d'aujourd'hui sont à notre portée, pour peu de temps encore.

Montgey, août 2003

Bibliographie

Au temps des mammouths, catalogue de l'exposition du Muséum national d'histoire naturelle, Paris (17 mars 2004 - 15 janvier 2005). Éditions du Muséum/Phileas Fogg, 2004.

Bernard Buigues et Jean-Charles Deniau, *Sur la piste du mammouth*, Robert Laffont, 2000. (La mission « Mammuthus » consacrée à Jarkov, le dernier en date des mammouths découverts à l'état congelé.)

Claudine Cohen, *Le Destin du mammouth*, éd. du Seuil, 1994. (Une histoire de la paléontologie au travers de celle du mammouth, récemment rééditée.)

Coria et Henri. Vernes, *Le Réveil du Mamantu*, in *Bob Morane, L'intégrale*, vol. 7, *Animaux fantastiques*, Le Lombard, 2001, p.

103-148. (La résurrection des mammouths en bande dessinée.)

Adrian Lister et Paul Bahn, *L'Encyclopédie complète des mammouths*, Delachaux et Niestlé, 1995. (Tout ce que vous voulez savoir sur les mammouths et que vous n'avez pas trouvé dans cette Petite Pomme.)

E. W. Pfizenmayer, *Les Mammouths de Sibérie*, Payot, 1939. (Un « classique » : le récit de deux chasses aux mammouths congelés, qui est aussi un précieux témoignage ethnologique sur les peuples de la Sibérie du tout début du XXe siècle ; malheureusement épuisé.)

Table des matières

Achevé d'imprimer sur rotative
par l'Imprimerie Darantiere à Dijon-Quetigny
en janvier 2004

N° éditeur : 0162-01/1
Dépôt légal : janvier 2004
N° d'impression : 23-1558

Imprimé en France

n°21. *D'où vient la vie ?* Marie-Christine Maurel
n°22. *Les odeurs nous parlent-elles ?* Pierre Laszlo
n°23. *Doit-on croire au big bang ?* Alain Bouquet
n°24. *Qu'est-ce qu'une goutte d'eau ?* David Quéré
n°25. *Y a-t-il un bon régime ?* Michel Hautecouverture
n°26. *Pourquoi les feuilles sont-elles vertes ?* Paul Mathis
n°27. *À quoi sert la bioéthique ?* Jean-Paul Thomas
n°28. *Peut-on encore manger sans peur ?* Pierre Feillet
n°29. *Peut-on croire la météo ?* Robert Sadourny
n°30. *Combien de particules dans un petit pois ?* François Vannucci
n°31. *L'énergie nucléaire a-t-elle un avenir ?* Hervé Nifenecker
n°32. *Comment peut-on être ado ?* Nicole Vacher-Neill
n°33. *Combattre l'effet de serre ous mettra-t-il sur la paille?* Roger Guesnerie
n°34. *La science nous menace-t-elle?* Étienne Klein
n°35. *Pourquoi les avions volent-ils?* Jean-Baptiste Touchard
n°36. *Faut-il avoir peur des maths?* Benoît Rittaud
n°37. *Pourquoi les oiseaux ont-ils des ailes?* Anne Teyssèdre
n°38. *Pourquoi n'y a-t-il pas d'étoiles vertes?* Alain Bouquet
n°39. *La dépression, peut-on en guérir ?* Christian Spadone
n°40. *Peut-on faire revivre le mammouth ?* Pascal Tassy
n°41. *Comment rêvons-nous ?* Isabelle Arnulf
n°42. *Qu'est-ce que l'animal ?* Georges Chapouthier
n°43. *Que doit-on craindre d'un accident nucléaire ?* Roland Masse